建筑风景钢笔表现

陈恩甲 著

Architecture Landscape
Presentation in Pen

同济大学 出版社
TONGJI UNIVERSITY PRESS

图书在版编目（CIP）数据

建筑风景钢笔表现 / 陈恩甲著 . -- 上海：同济大学
出版社，2017.7
ISBN 978-7-5608-7172-1

Ⅰ . ①建… Ⅱ . ①陈… Ⅲ . ①建筑画—风景画—钢笔
画—绘画技法 Ⅳ . ① TU204

中国版本图书馆 CIP 数据核字（2017）第 167517 号

建筑风景钢笔表现

陈恩甲 著

责任编辑 由爱华

责任校对 徐春莲

封面设计 陈益平

出版发行 同济大学出版社 www.tongjipress.com.cn
（地址：上海市四平路1239号 邮编：200092 电话：021-65985622）

经　　销 全国各地新华书店

印　　刷 上海安兴汇东纸业有限公司

开　　本 889mm × 1194mm 1/20

印　　张 6

印　　数 1—2 100

字　　数 150 000

版　　次 2017年7月第1版 2017年7月第1次印刷

书　　号 ISBN 978-7-5608-7172-1

定　　价 32.00元

前言

在绘画的艺术世界里钢笔画是个比较年轻的画种，没有中国画、油画那么有名气，但钢笔画用途却非常广泛。顾名思义，钢笔画离不开钢笔。钢笔画在中国的历史，也仅约百年，远没有在欧洲那么悠久。

一幅建筑风景画通常要有山有水、山水风光绮丽、诗情画意。给人微妙的内心情感变化及强烈的艺术联想，是高尚的精神享受。钢笔画的创作十分强调意境，意境是绘画艺术的精髓与灵魂。钢笔绘画的创作既要重点绘出建筑形体的艺术美，也要刻画环境景观的意境美。

意境的产生首先是绘画者对环境艺术的强烈追求，意在笔先。绘画者要贴近自然，心中有画，把真实情感融于画面中去。画面意境之美，在于呼应和凝集了东方传统文化思想、审美情趣。画中有诗意，令人赞叹神往，才会是中国钢笔画的特色。建筑是技术与艺术的产物。忽略建筑形体造型美、环境景观的美不符合时代的需求，钢笔画就没有生命力。

钢笔画是黑白画，应用范围很广，建筑学、城市规划、风景园林、雕塑等许多专业的表现图都可用钢笔绘制，绘画艺术和建筑艺术的本质是息息相通的，存在着某些契合关系。钢笔画作为建筑师、绘画者表达思想意图的表现图，环境美的刻画需要敏锐的观察能力、欣赏能力和精湛的绘画技巧。通过画面精心构思、表达画面意境要真挚、深刻，耐人寻味，触动、激发观者思想心绪情感，令人流连忘返。

建筑钢笔画对风景环境的刻画有着很强的空间形态特性和原生性的表达能力，强调不同区域空间环境特点处理及整体意蕴气势。从简单构图到从事繁琐的细部刻画，用笔要讲究技法，要有利于画面的艺术性和整体性。绘画中要讲究画面布局的可行性、科学性，注意建筑形体变化、透视、结构的合理性；树木、草坪、山石结构的形体变化、互相关联的严谨性、整

体性。在绘画过程中，对所有的画面内容取舍都要认真分析。外出写生的资料有必要进行适当筛选，舍掉原始环境中的糟粕，调整建筑画面环境艺术气氛，使建筑美与环境美相得益彰。

钢笔画首先要打小稿，要有立意构思的过程，树立信心，先勾画。一般绘画者都有自己的习惯做法，如先绘出画面的主体：建筑的透视形象、环境中的山峰、河流或水面、树木等。笔者经常要画几张小稿来做对比，选择最理想的画面，再正式绘画。画面上的问题要具体问题具体分析，要有耐力，坚定信念，相信自己会画出理想画面。要有丰富的组织环境空间的想象力和构思能力，这对作画艺术质量很重要。绘画艺术需要实践中、练习中不断提高，绘画者必须对钢笔画有热爱和真实的情感。

本书的建筑与环境中山石、树木、水体等景观画法，展示建筑与风景环境的和谐与统一，从绘画中更好地理解建筑在自然界的意义内涵。笔者由于工作关系，搜集整理了大量的建筑设计资料，部分作品是笔者的建筑设计方案。由于水平有限，错误难免，希望广大读者批评指正。

陈恩甲

2017 年 2 月

目录

前言

1 概述

1.1 钢笔画起源及基本概念

钢笔的发明最早起源于欧洲，几乎同时人们就发现钢笔除写字的功能外，还可以画钢笔绘画。最早画钢笔画的也是欧洲人，欧洲历代钢笔画家的艺术创作积淀了大量钢笔画优秀作品和技法，如荷兰的伦勃朗、苏联的维列斯基、俄国的希施金、意大利的米开朗琪罗等人的精美作品流传于世，至今仍广受欢迎。钢笔画进入中国的历史仅百年。在我国，自20世纪六七十年代钢笔画创作热情逐步升高，作为一种独特的绘画形式一直在不断发展中。

钢笔画是绘画艺术，是独立的画种，是很好的绘画艺术语言，比起其他画种具有朴素的原生性艺术魅力。钢笔画是以各种形式的点、线、面的排列、组合来表现物体造型，通过熟练的线条的组织、用笔技法，对于几何形体的变化、体积大小、质感、空间感都具有很强表现特点，对不同题材均有独特的艺术表现效果。同时，钢笔手绘具有工具简单、实用便捷、工作条件不受限制等优点，并能够准确表达绘画者创作意图，理所当然受到诸多绘画者的钟爱。绘画者如能努力学习，逐步掌握、深刻了解、积累、认识钢笔画的绘画知识，且勤学苦练，挖掘自身的空间想象力、观察能力，绘出精美的钢笔画作品。

作为理想的表达人们思想的工具，钢笔画在诸多行业、专业中得到广泛应用，钢笔画不仅仅是绘画艺术，不少画家、建筑师、城市规划师、景观设计师、室内设计师等都采用钢笔作画或作方案草图，其技法更加精湛、娴熟，表达能力更强，使钢笔画更加突出艺术、风格特点，所表现的技法也日趋多样化，早已不拘泥于传统技法和形式，手法多姿多彩，繁荣了钢笔画的应用和创作。

1.2 钢笔画的艺术特点及表现形式

1. 钢笔画艺术特点

钢笔画是黑白画为主体的绘画种类，钢笔画有自己审美特点，画面几乎全部用点、线、面为表现手段，通过组合、排列及运动变化形成生动的艺术魅力语言形式，钢笔画能够真实、准确地用黑、白、灰的色阶的变化技巧表现建筑的实体环境的空间感、质量感、趣味感，有突出效果。这是钢笔画的艺术特点。

钢笔画首先要有立意、构思的过程，一般要找出透视关系勾绘草图，绘出的点、线、面的黑、白、灰关系用来塑造形态空间。其技法特点与水粉画、油画、山水画有显著不同。绘画者在绘画过程中，难免出差错，有些画可以靠颜料反复涂抹、涂擦、调和、覆盖来调制相宜的色彩，而钢笔画一经画错，绘出的点、线不易涂擦或用刀片去刮、刻来修改，尤其是较大面积的排线更是难以修改，所以，绘画用笔要审慎，线条要肯定、明确，不宜反复修改。

在对建筑环境的表现中，其他绘画中纯粹的绘画艺术往往是出于对艺术的欣赏，而忽略建筑形体变化的真实性和准确性，钢笔画在这一点上与其他绘画是有区别的。建筑环境的钢笔表现图有着比普通绘画更严谨、认真的精神，表现图要忠实于设计，要基本反映建筑的实际效果，建筑尺度、比例、层高、进深、开间等都是绘制表现图的重要依据。当然，建筑画是建筑艺术和技术的产物，要符合形式美的原则，美感也是基本要求之一。

2. 钢笔画艺术表现形式

（1）线描画法

线描是中国传统墨笔线描形式画法，钢笔画的线描与墨笔线描大同小异，只是用笔工具不同而已。线描，就是用线条来勾画形体造型的一种绘画技法，线条要清晰、简练，主要用来表示形象与结构。线描法在对客观物体作具体的分析后，准确抓住对象的基本组织结构，从中提炼出来用于表现画面的线条，表现出的轮廓、空间、体积形成立体感的形象，这是常见一种综合画法。

（2）明暗对比画法（素描法）

明暗对比画法是一种单色绘画，是以点、线的排列刻画造型的方法，比较强调画面的层次，光影调子的素描画法。画面中常用黑、白、灰调子，形成画面中明暗对比的不同变化，亮度的明暗关系等，显示景物的轮廓、体积感、立体感。这种画法表现力强，对比的层次感明确。每个人都会有自己绘画习惯和技巧，利用线条的组合排列生成黑白调子时，轮廓线往往被忽略，这也是钢笔画的表现技法，亦能表现出景物的轮廓和形象。

（3）钢笔淡彩画法

钢笔淡彩画法是常用的建筑画表现形式，较多见，常用透明水彩颜料、墨水绘画。方法是画出钢笔画稿，构思出大致明暗关系及位置，涂上淡淡色彩，渲染、平涂、喷涂、逐层叠加、退晕等细部刻画，和钢笔画一样，难点是线条和用色彩娴熟的技法来表现景物，此画法不同于用成品色彩笔或彩色蘸水钢笔画，也不同于彩色马克笔画法。

1.3 钢笔画的绘画工具及材料

1. 钢笔的选择

钢笔画，顾名思义就是用钢笔作画。随着钢笔制作技术及用材多样化的进步，钢笔功能范畴境域也在不断扩大，蘸水钢笔、自来水钢笔、针管笔、油笔、中性笔在绘画中都叫钢笔，所绘出画都叫钢笔画。

钢笔画的工具比较简单，使用的工具也有个人的习惯。实际上，不同笔有不同的用法。自来水笔的笔尖有一定弹性、韧性，用笔力度的大小可以改变线条的粗细，并有圆韧和刚性，要粗有粗，要细有细；但笔尖要时常调换，其原因用笔时间长了笔尖磨损及开缝过大，画细线颇感力不从心。钢笔作画需要不同种类及不同宽度的钢笔，一般笔尖比较适用于中等宽度线条，较细和较粗线条时需要自己加工。笔触是钢笔画常用的技法之一，蘸水钢笔有其优越性，使作品更有层次感，表现力也更加丰富了。针管笔是建筑、规划等专业常用的绘图笔，能绘制出均匀一致的线条，运笔流畅，画面工整，在没有中性笔之前也用于绘画，现在多为中性笔代替。

中性笔的型号比较多，一般常用的中性笔规格有 0.25，0.28，0.35，0.38，0.5，0.7，1.0，用哪种规格的笔和自己手法技巧和习惯有关。0.25，0.28 的中性笔画出的线条清晰、明确，只要自己用笔熟练是能够满足绘画要求的。笔者习惯用 0.25，0.28 中性笔画草坪、草、树叶、建筑的阴影和水的波纹及树的纹理等较细的线条，中性笔一般不划纸，但有涩笔和不下水现象。

2. 绘画用纸选择

钢笔画一般用纸有：素描纸、复印纸、白色绘图纸。钢笔画的纸张选用很重要，挑选纸要仔细，表面平整、光洁、不洇、不渗，是好纸，可以用来作画，但也不要选用质地太光滑及麻麻不平的纸张，过于光滑的纸不吸水或吸水能力太差容易造成墨迹不干，作画时很容易弄脏画面；渗洇的纸张，无法画密排线条。

3. 绘画的其他材料

绘画难免出错，画错处可用橡皮、刀片进行修改，笔画轻微的线条可以用硬橡皮反复去擦拭，擦不掉的用刀片慢慢地刮。刮图也是有技巧的，刮画常用双面刀片，画纸很薄，应小心不要刮破。如果用自来水钢笔绘画，还需有墨水，常用碳素墨水比较好用的是上海产的。

1.4 钢笔画意境美分析

1. 意境美是钢笔画的灵魂

建筑风景钢笔画是建筑以山石、大地、水等环境景观为背景的画面，建筑造型、自然环境形态直接影响画面的艺术性。建筑空间变化多样性、复杂性使钢笔绘画产生诸多模糊性因素，表现在每个地块、区域地形、地貌有不同的变化形式和规律，对建筑环境中高低起伏的空间变化特点及多种因素影响要有深刻认识，分析、明确和理顺建筑及环境艺术的可行性，更新思维方式，应从生态环境、建筑技术、建筑艺术多个方面深入探索新的建筑及环境配景形象艺术。

钢笔画的配景环境时常有山、石、树木、草地，自然条件的研究对建筑绘画有着实际的意义。山水空间形态的变化十分复杂，每个区域地形、地貌都有自己的独特变化，有的坡度很陡，有的坡度很缓，有的山峰、山谷变化十分复杂，也有的是很缓的坡地、盆地，有连绵起伏的山峦，俏丽的山形千姿百态，也有如镜的湖面、不同绿树的层次，原始的自然环境及诸多人为因素同时存在，不同的环境景观使画面有着不同的意境。

画面意境美源于生活，源于大自然，创作意境美是出自个人的功底及对美丽景致深刻认识。绘画过程是感情凝集的过程，对画面的每一个景物都应反复推敲。心中有感情，钢笔画才有深刻的意境。身居山川，妙悟自然，通过观察触及灵感，给以启示，与联想情感产生共鸣，对景色的娴熟描写，才会比现实生活中自然更美，更引人入胜。钢笔画蕴含意境美，强调意境美，否则钢笔画就失去了意义。

2. 钢笔画意境美需要高超绘画技巧

钢笔画是唯美的画面，每一幅好的画都凝集着绘画者的匠心和技巧。绘画者心路要宽，开阔眼界，古为今用、洋为中用，学习别人的优点、长处，经常听取宝贵的意见对提高绘画技艺是大有帮助的，才能促使自己绘画技术进步。

钢笔画的意境离不开绘画技巧，功夫不到家就画不出生动艺术效果。古今中外，大凡成功者都离不开明智的思维、信念和激情并付出艰辛的努力。

任何画种的优点、艺术没有国界，在钢笔画的学习中我们应不断拓宽视域，丰富阅历。应在借鉴中提高绘画技巧，逐步学习和掌握绘画基本原理，如吸收中国水墨画的皴法，为中国钢笔画的创造开辟新的绘画技法；而西方钢笔画历史比我们悠久，经验积淀比我们丰富，技法更加纯熟，如各种透视技法，点、线、面的对比运用，色彩的表现技法，审美理论等，都是我们应该学习借鉴的。我们绘画的技术越是熟练、优秀，营造艺术美的追求越是无止境，这个过程的努力必须扎根于感受自然，热爱大自然，热爱绘画。

2　钢笔画基础训练与技法

　　钢笔画基础训练对技法的提高有着十分重要的意义，一幅优秀钢笔画凝集了绘画者对钢笔画深情热爱，注入心血，是长期执着刻苦训练、磨炼深厚功底的硕果。

　　钢笔画的绘画技法及其工具不同于其他画种，钢笔画完全是以不同形式的点、线、面的组合、排列而产生的不同艺术效果，因此要求绘画者逐步掌握、提高绘画技巧，对提高艺术修养很有帮助。同时对建筑形体变化认知应不断积累知识和经验，对建筑形象立意、构思、捕捉灵感更为熟练、快捷。业精于勤，循序渐进付出了辛苦，才能创作出优秀作品。

　　绘画的技艺是无止境的，绘画者应饱含激情，不断地努力探索新的空间。绘画技巧贵在创新，这一点是毋庸置疑的。

2.1　点、线、面的训练及应用

1. 钢笔画线的表现形式

　　钢笔画常用的线条有直线、曲线、绞丝线、波纹线、折线、弧形线、斜线、各种交叉线等许多种类形的线，绘画中线的轻、重、缓、急，委婉、飘逸及不同方向相互穿插的线，都各有不同功能和性格特点。

　　单线是最基本的线，许多建筑或景物的轮廓是由单线构成，能够准确表现出物体的透视、结构、对比、微差、比例等形体的变化。不同形式的单线的组合排列生成不同的艺术效果，排线的疏密、粗细不同，及各种线条排列、组合，可以形成明暗质感、空间感、肌理等不同效果，表现出色调的深浅、明暗关系。"线"的各种练习对适当突出景物的主体、视觉中心有重要作用，线的生动、形象多样化，能突出视觉艺术效果。

　　图 2-1（1）（3）（4）（8）的组合排列颇具广泛实用价值，比如建筑的阴影、树影的暗面、远山、远树的虚影常用这些线条的排列组合来表现；图 2-1（6）（7）（8）（9）及绞丝线（2），是用于画面中景的树冠、灌木丛和矮树树冠的常用技法；建筑的背光面的描绘常用图 2-1（6）（9）（10）；图 2-1（15）（16）较常用于山路、甬路；（17）（18）是色调渐变的表现明暗变化，如建筑从高处到低处，远山虚影的色调渐变；这些线条的组合排列在钢笔绘画中具有广泛的实用意义。

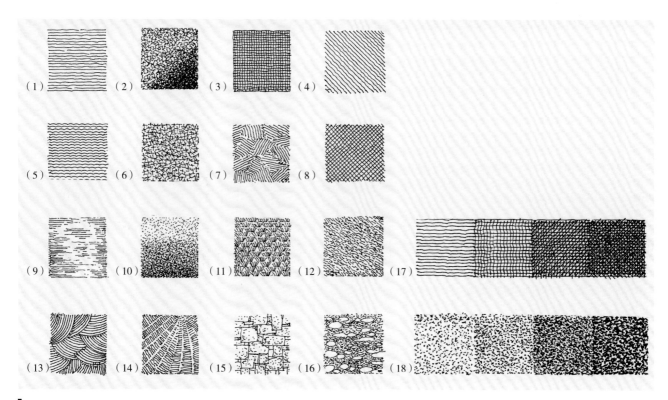

图 2-1　线排列组合

2. 点、线、面的排列及组合

　　画面中的"点""线"最为多见，是活跃的基本"粒子"，点、线造型是钢笔画的基本艺术"语言"，充分发挥点、线的功能，强调点、线的运用，直接关系到画面的技艺水平和魅力。

　　就单个"点"而言没有方向性，"点"在画面中有大有小，点的大小、轻重、疏密可以表现物体的质感和光亮、明暗度，增强表现力，如灌木树丛顶面受光、近景树叶、草地、远山、山石、墙面、天空等画面中不同"点"的运用，可以产生深浅、远近层次不同的透视效果。笔触的顿挫大小可以表现材料的质感，如石头、砖的墙面、抹灰的墙面及光影的明暗等都可以用"点"来表现。

　　点、线可以汇集成面，面的特征有宽和长度，而形成幅面，面有方向、大小、前后之说，与物体的大小、形体的变化、结构的质量、空间的变化都有着重要意义（图 2-2）。

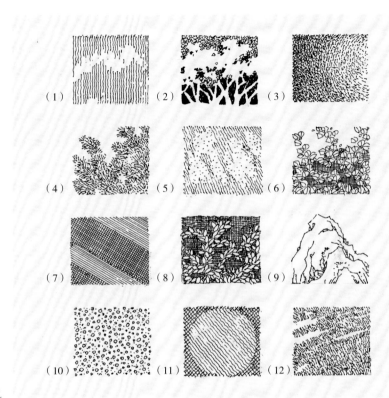

图 2-2　不同点线组合形式

2.2　光、影及层次感表现

　　钢笔画的光、影是不可或缺的技法表现。当光照射某物体时，自然产生明、暗的对比。变化的光、影能使环境产生意境美，使画面产生比较强的立体感、韵律感及层次感。由点、线排列、组合生成面和块，当画面上由疏密不同产生的黑白块的对比时，在光的作用下可产生强烈突出质感或阴影区的效果。由于受光及环境影响，画面中物体常有黑、白相间不同亮度的部分，也有明暗交界过渡部位及背光面，这些变化要加以刻画，是画面中表现的体积感、立体感、层次感重要技法。

　　建筑绘画研究好黑、白、灰调子对建筑艺术效果具有重要影响。建筑往往是单一空间汇集为多空间的一个整体，画面的空间感表现手段是形体造型，常常用透视图来表示，在透视图中没有黑、白、灰调子来表示画面的层次将没有立体感。画面的处理应有视觉中心，作为重点描绘部分或区块，一般是将建筑放在近、中景处的部位，受光面采用留白手法，在画面中虚实黑白灰对比形成效果，受光面在背景衬托中表现出来。明暗色调对比来表示物体形状、景物色度和层次，画面有纵深效果。

钢笔画中黑、白、灰是一种表现技法，素描技法是造型基础，用到纯熟自然会产生神奇效果，给观者带来视觉愉悦感受。

2.3　建筑透视的应用

1.　建筑透视是建筑绘画基本功

建筑透视是建筑绘画的基本功，建筑形体表现离不开透视图，透视的建筑轮廓要符合透视原理。一般绘画只讲大概符合透视规律，感觉透视不错就可以了，对建筑表现图来说建筑透视图是比较严格的。

建筑透视是将三维的建筑空间或形体，准确描绘到二维空间的平面上，使其直观的表现建筑的造型、空间特征和外部环境，表现的物象是由透视角度、人眼高度、拍摄距离等条件构成的图像。

透视图的种类也比较多，但常用的一般有：一点透视、两点透视及多点透视，透视图的术语有：

基面——建筑所处地面，水平面；

画面——投影面，与基面垂直；

基线——基面与画面的交线；

视点——指绘画者的眼睛位置；

视距——视点与画面的距离；

视高——视平线与基线的距离，即人眼到站点的距离；

站点——视点在基面的距离；

视平线——视平面与画面的交线，即地平线到人眼高度线；

灭点——也称消失点，图形的各条边的延长线在视平线上的交点。

2.　常见的透视种类

一点透视：即平行透视，即建筑的立面与画面平行。因一般建筑的纵向、横向是两个方向，平行于画面的纵向线线无灭点，而垂直的线延长线消失于画面地平线的灭点上，这种透视叫一点透视，常用于室内透视、街景透视（图2-3）。一点透视的灭点位置很重要，不同灭点建筑会产生不同的立体效果，笔者在画一点透视时常常把灭点放在偏离中心1/4处以求得建筑的立体效果，绘画者可实际操作几次以求更好效果。

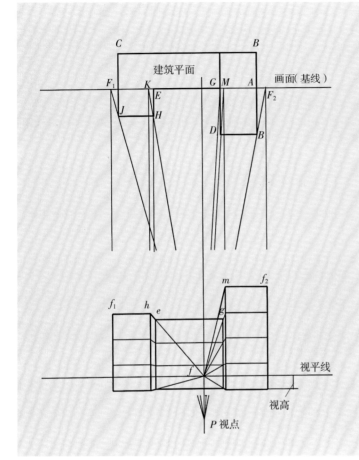

图 2-3　一点透视作图法

作图步骤：

1. 绘出平面单线图，在立面墙置于画面线上。
2. 选择清晰视野，表达效果好的位置确定视距、站点位置。
3. 在图下面部适当位置绘出视平线、视高线。
4. 确定视平线、视高，适当位置确定站点 P，并自 f 点向上连线，生成灭点 f_1，f_2。
5. 通过站点 P 连接 H、在延长线上生成 K，M 点。
6. 通过站点 P 连接 PB，PJ 并与画面线连接，生成 F_1，F_2 点。
7. 自 F_1，K，H，M，F_2，C_0 竖向向下与连线，以此类推。
8. 确定建筑高度，绘制连接 f_1，h，e，g，m，f_2 点的连线，落于视高连线上。
9. 建筑透视图成型。

二点透视：即成角透视，即建筑的立面与画面成一定角度，建筑两个面的线分别消失在建筑两侧的视平线上，有两个灭点，两点透视是常用的透视方法，常用于某建筑的两个立面（正、侧面）的透视表现（图 2-4）。建筑透视有多种方法，用建筑师法作透视时往往是主立面灭点较远，甚至跑到图版外面，给作图带来不便，其实比如：用"心点法""一个灭点不可达"的作图法都可以实现既简单又实用的透视图作法，如按"建筑师作图法"亦可采取作小图然后按比例放大的方法。

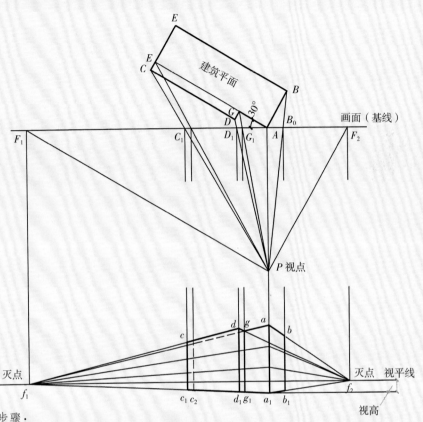

作图步骤：

1. 绘出平面单线图，在平面图通过 A 点作画面线，外墙线与画面线成 30° 角。

2. 根据视角 30° 及主视角位置确定视距、站点位置。

3. 通过站点 P 绘制平行线 PF_1，PF_2 连线。

4. 通过站点 P 绘制 B，C 点连线，得出 C_0，B_0 点。

5. 通过站点 P 绘制平面图中 PG，得出 G_1 交点，P，E 连线得出 E_1 点。

6. 在图面下部适当位置绘出视平线、视高线。

7. 确定视高，并连线 a 与 f_1，a 与 f_2 两个灭点联线，a_1 与 f_1，f_2 连线。

8. C_0 竖向向下与 C_1，E_1 与 E_2，G_1 与 g_1 连线，以此类推。

9. 连接 C，d，g，a，b 及 C_1，d_1，g_1a_1，b_1 的连线建筑透视图成型。

图 2-4　二点透视作图法

散点透视：也叫多点透视、动点透视，常用于群体建筑，如城镇、街区的透视图，在群体建筑中，不同建筑的地点位置可以有多个视点，多个角度观察建筑。

三点透视（倾斜透视），高大建筑常用的仰视透视方法，根据站点位置不同可有三个灭点，左右各有一个灭点，建筑上空还有一个灭点，如俯视的透视，灭点在地下。

透视的原理可以边画边学习，经过对几种透视的反复认识，在学习实践中逐渐掌握技巧，比如：视高、视距、灭点等都可以多次修正、调整，达到满意的效果图。一般在作图前，先大概手绘一下建筑透视的几何图形，熟悉后经过几次修正、调整数据和图形后再开始正式画透视图，多作图，熟能生巧，建筑透视是建筑绘画的必经之路，这一点要有清晰的认识。

3 钢笔画绘画方法及步骤

3.1 画面布图、取景与构图

一般而言，画面的构图都是采用铅笔打出小稿，大致勾画出建筑及环境各部配景的大体轮廓及部位，这是十分必要的立意、构思步骤，基本画好后再用实际画幅作更加深入详细构画。绘画中不宜用软铅笔勾画，尤其有些反复修改的线条，很容易弄脏画面，而且很难擦得干净。

1. 取景、构图的形式是多样的

画面取景与构图是绘画过程步骤之一，任何建筑都存在于环境之中，在画面中建筑与环境是一个整体，视觉中心是绘画中的重点部位，因此，组织画面内容要分清主次、重点，布局均衡，而且要注意整体画面意境效果，内容要有所概括和取舍。在绘画的初始阶段就应对画面重点部分要有所认识，对画面中建筑的大小、位置、视角、视高、视距、画幅的规格有酝酿。不同的视角、视高、视距有不同的艺术效果，要选择最佳的效果，就要反复地勾画，并在草图勾画成熟后才能正式上图。

纸张幅面的大小与建筑及景物要匹配，不能建筑占有画面过大或过小，位置也不能过偏或画面过于松散。总之，画面的相互比例关系要适当，但是也要与环境相协调，以适宜、舒服为度。

钢笔绘画多以外出写生为主要资料，加之必要的记忆资料，以继续深化创作。也有许多钢笔画作品是以外出的摄影图片为资料进行创作的，摄影过程也是取景过程，应兼顾建筑和环境，需要的画面时常被某些构筑物，如电柱、水塔、围墙等所遮挡，这时我们就要在不同位置、角度来多拍些图片资料，以备绘画中使用。

2. 建筑物视觉形象要有适宜突出

钢笔画中建筑的形式是构图的基础，一些复杂地形中建筑往往存在比较复杂的结构形式，立面高低错落，建筑形体复杂多变，明、暗关系也会更加复杂，充分利用建筑形象的空间感层次、明暗光影等可以增强艺术效果，满足建筑艺术和画面艺术布局要求。一些大空间结构的构件，如悬挑梁、柱、悬挑板、塔架、筒仓、钢架、拉索等，体积大，形状奇特，视觉就更为突出，配置构件的大小、位置都应与画面协调，否则可能有有损于整体表现效果。

画面中配景不宜杂乱无章，要考虑与建筑造型的融合、匹配，比如近、中、远景的层次，近景的树木形态变化、道路、广场、草地、包括植物的品种都应有所选择。总之，构图、布图及配景的艺术形式也要符合形式美的规律。

3.2 钢笔手绘步骤及方法

构图画好后，还要谨慎仔细分析用钢笔实际绘制的可行性、用笔的粗细及对整体画面艺术效果影响；对整体布局中的所有景物进行主次、疏密，近、中、远景的层次及虚实分析，以及黑、白、灰的用笔分析等。

在绘画规程中落笔要果断，但用笔要追求精炼纯熟的技法。绘画过程中难免对原部分铅笔构图有所改动，所以，绘画过程也应是不断分析画面美感效果的过程，这是实际绘画的正常现象。

绘画首先要从局部入手（左、右或下部）。绘画过程可分解为以下6个步骤。

步骤1：按建筑透视绘出建筑轮廓的形体变化，控制好各部分的比例、尺度，如图3-1（a）所示。

步骤2：大致绘出建筑环境中各层次树木、山石及室外道路位置等，如图3-1（b）所示。

步骤3：按建筑透视方法准确绘出建筑的所有附属构配件，如图3-1（c）所示。

步骤4：描绘建筑配景的右侧树木，如图3-1（d）所示。

步骤5：描绘建筑配景的左侧及近景树木、山石、草地，如图3-1（e）所示。

步骤6：重点描绘建筑体积感的阴影关系、门窗玻璃的阴影层次及反射效果、道路质感，以及补充绘画过程中遗漏需完善的各部位线条、阴影等（成稿），如图3-1（f）所示。

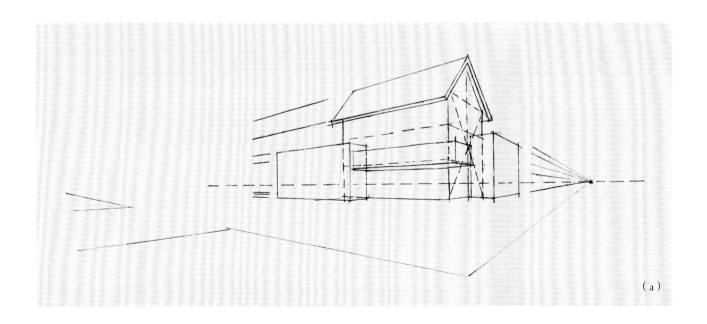

（a）

（b）

（c）

（d）

（e）

（f）

图 3-1　钢笔手绘步骤

3.3　钢笔手绘示范解析

　　这是建筑一点透视的钢笔表现图，笔者画建筑外观时经常用一点透视法，一点透视的灭点位置很重要，不同灭点建筑会产生不同的立体效果，笔者在画一点透视时常常把灭点放在稍偏离中心1/4处。

　　在画面中建筑与环境是一个整体，视觉中心的建筑是绘画中的重点部位，因此，画面内容以简洁的建筑为主，以中景树来烘托建筑，远山作为背景简化处理，布局均衡，而且要注意整体画面意境效果。

　　这是建筑二点透视的钢笔表现图，高低错落的建筑形体变化，明、暗关系也更加复杂，建筑的造型仍是画面的重点。配景不宜杂乱无章，对整体布局中的所有景物进行主次、疏密，近、中、远景的层次及虚实分析，细化近景的道路、台阶、草地，包括植物的品种都应有所选择，使画面整体构图和细部刻画和谐统一。

　　建筑俯视表现图，在绘图之初对画面中建筑的大小、位置、视角、视高、视距等就要有酝酿。不同的视角、视高、视距有不同的艺术效果，要选择最佳的效果。将建筑放在近、中景处的部位，画面中适当运用黑、白、灰的对比，受光面采用留白手法，在画面中虚实对比形成效果，受光面在背景衬托中表现出来。

　　画面效果和技法息息相关，线条是钢笔画中建筑、景观造型的基础，线条的技法直接关系到画面效果和绘画者技艺水平。线条的流畅、自如，富于艺术表现魅力，使画面更真实生动。处理好黑白灰对比及阴影关系，质感、立体感即达到了效果。

　　图中建筑仍然位于中景处的视觉中心。配景抓住植物、树干性格特点，重点描绘它的细腻和质感，质感的画法不能脱离实际，但手法要简练，有艺术性和个性。植物的疏密、虚实、起伏应有所表现，姿态的开合、卷曲要生动、自然、优美。

4 环境配景表现技法

4.1 树的表现技法

一幅优秀的钢笔画少不了环境配景，其中树木在画面环境中有着重要作用，树的大小、近、中、远景对树在画面上所起到的作用则有不同，画面中的树要有适当位置，在画面中的组织、协调要充分。

不同的树种的形态各异，画法也不尽相同，尤其是近景的树，应描绘出它的特性，比如：松树、杨树、柳树、榆树、柏树，即便是松树也不尽相同，光是松树就几十种，每种树的外观自然会有些差别。有的树体型比较高大、树干挺拔、弯曲各异；树冠的大小、形状也有多种，如圆形、椭圆形、方形、锥体形、桶形等；树叶、树干的表皮、纹理、树叶密集、稀疏，都各有不同，要画出真实感，画树造型要优美，细部要有刻画，线条、笔触要明确，更要注意明暗阴影关系；树冠的层次、疏密变化，在背光阴影区内的树冠、树干，灰暗调子和亮调子要注意表现出来，要有适宜的层次感表现。

树的近景、中景、远景都有区别，尤其是中、远景的树应区别于近景的树。远景的树看不清树叶的形状，连绵起伏的灌木更是茫然一片，远景的树对建筑绘画而言有衬托作用，可以简略有度、虚实变化来调节。也可丰富画面树林高低错落的层次变化。采用疏密不同的细线条排列可略有树形的方式，或采用疏密不同"点"分布来表示。中景的树有的也看不清树叶的形状，所以也要画得虚些，但是，树叶也有受光和背光面、树下也有黑暗面，临近树的地面也会有树影，宜用重线条绘出。画树和画其他景物一样要分清亮、灰、暗，树才会有真实感、立体感。

植物的疏密、虚实、起伏、外观应有所表现，姿态的开合、卷曲、要生动自然、优美，体现出树的形体特征及和韵的香秀、清雅。抓住植物叶子、树干性格特点，重点描绘它的细腻和质感，质感的画法不能脱离实际，但手法要简练有艺术性和个性。

钢笔画艺术的底蕴博大精深，是文化的体现，意境深邃，典雅含蓄，是与环境和谐互融的美，别具独特魅力。

　　树的外轮廓形体变化复杂, 但同时也带来丰富的形体及色彩艺术, 自然界中的树有许多品种, 各种树的树干、树冠、树枝、树叶、树根都有自己的特点, 随着树龄的增长, 树的形体、树干、树根的质感也发生变化, 不同年龄的也会产生不同的艺术特色。

松树

　　松树的品种很多，比如比较出名的有落叶松、油松、樟子松、马尾松、雪松等，树种不同，树干有的高大挺拔，有的曲曲弯弯。画松树要注意树干、树枝的相互叠插关系，树干的松麟肌理表现松树性格特征要仔细观察绘出，簇状针叶重复叠加在画面中要有所表现。

松树的画法

松树的画法

柳树

　　柳树有很多种，旱柳亦称立柳，耐旱、耐寒，具有一定欣赏价值，在绘画中也是常见绘画对象，旱柳与水柳、垂杨等有所不同，旱柳枝条细叶向上伸展或斜展，呈黄褐绿色，绘画时观察簇团形的走势方向。

冬天的树

　　死亡的树或冬天的树，不长叶子，这类的树我们生活中常见，干树杈往往给人是干硬、僵直的印象，画干树杈要注意树的生长规律，底部的树干、枝杈自然要粗一点，顶部的树枝要细一点，用笔粗细自如搭配，线条要有一定僵直感。

小叶树

    阔叶树的种类繁多，枝干及树叶的外表特征体现出树的性格特征，这一点对画树十分重要。树冠的叶子互相有遮挡，在高光作用下，在画面中被遮挡部分的叶子是黑或灰，与亮面形成对比的层次绘画中亦应表现出来。

灌木

　　画面中团簇性灌木丛是由许多树拥挤着生长在一起，品种繁杂，底部的枝杈混乱地交织一起，没有特定秩序自由生长，但树冠的生长形状也有一定规律性，基本外形是多个圆弧形组成，密实的枝叶在有限的范围内生长，不同品种的树有不同的色调，形成对比关系。绘画中要绘出在高光的作用下树的上下部黑、白灰的色调，树的底部光亮被上部树枝覆盖、底部的光亮自然会少些，但某些树的树干、树枝的颜色是灰或白、黑在画面中要有所表现。

灌木的画法

草地

　　草的画法有多种，庭院、绿化小区的草一般是种植的，草地呈片状或块状，生长比较有规律，草的品种单一，生长高度也比较统一，而未经过人工培植的称为荒野杂草，品种多杂乱无章，生长高低不齐，画草注意草叶的弯曲走势方向，草梗、草叶相互穿插及草根部的阴影、草叶相互间的暗面关系。

草地矮树

近景树

　　树在画面中的地位很重要，尤其是近景的树往往在画面中惹人注目，树枝的弯曲走向、树干、树枝的节结特征，都要画得仔细，树枝的弯曲往往与树种、树龄都有关系。近景中低矮的树叶明显看得清楚，观察时注意它们生长规律，树叶在风的作用下飘忽不定，树底部的色调也随之变化，画起来有些难度。

近景树丛

近景幼松树

中景树写生

中景树写生

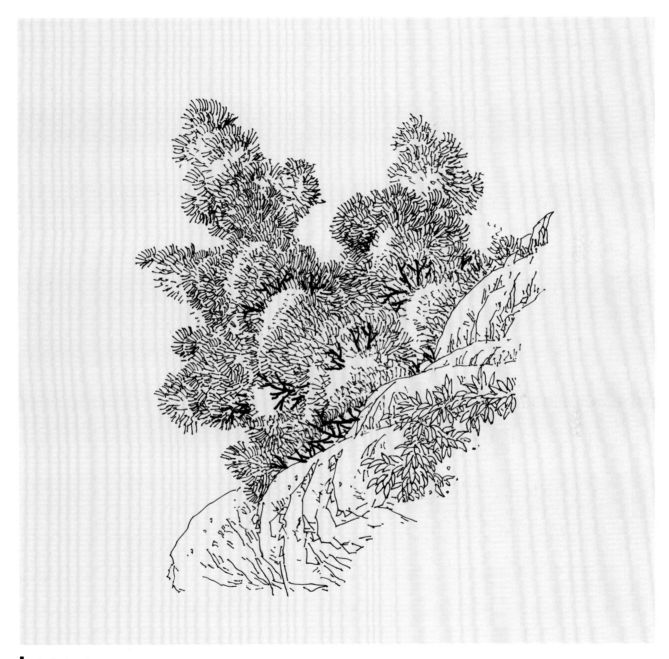

中景树写生

远景树写生

远景树写生

丛树画法

丛树画法

丛树的画法

丛树的画法

4.2 山、石头表现技法

山的画法要注意结构特征、山形的复杂变化、山势的起伏多变，近山要表现得清晰一些，比如山石的形体变化、皱叠、质感要有所表现。近、远山的层次感，近、中景的山石要绘出结构特征。远山表示方法可采用竖线条、水平、斜向线条排列方式，忽隐忽现。

自然环境中的石头一般是无规则地分布在环境之中，石头的形体特征、大小有自然情趣，往往是人们欣赏的对象，画石要着重细部刻画山石的粗犷、凝重、纹理，要力求表现出石头质感；形体变化及纹理走向，细部的刻画要仔细观察其特征，表现出中国山石的形神、灵秀之巧妙。

画山石技法很多，主要是要表现出它的变化个性，画山、画石要反复练习，中国画画石的技法与西洋技法有明显不同，中国画的传统画法，如：斧劈皴、披麻皴、点皴、线皴等别具特色，可以借用，当然采用素描法绘制也是一种好的绘画技法。

远山画法

石坡台阶画法

　　中国画的山石画法区别于西洋画法，用勾、皴、擦的笔法较为常见，画石的皴法较多，行笔的快慢、用力的轻重对山石描绘的表现十分重要，在中国许多人的钢笔画也用勾、皴法画山石或采用混合法（勾、皴＋素描法）画石，这主要是更形象表达山石形状及明暗关系。

石坡台阶画法

石板路面画法

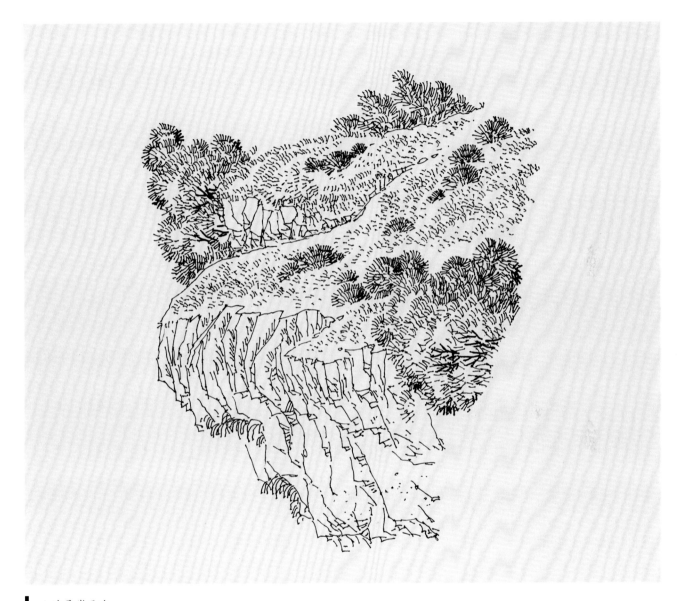

山坡悬崖画法

　　在自然界中许多丛树、山石、都有自己的形体变化特征、山石之美在于形体奇特；质感、色彩斑斓特点，瑰奇而似物似兽，将翔将踊，若静若动，形体变化之美几乎也没有重样的。画山石注意石头形体变化，有大有小，有长有短，互相穿插交错，疏密搭配，有虚有实。

山坡悬崖画法

山坡悬崖画法

山坡悬崖画法

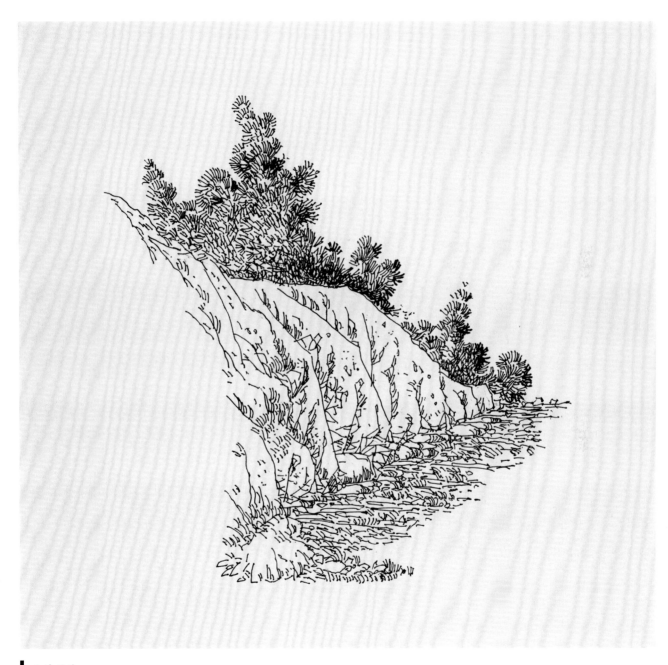

山坡画法

山坡画法

乱石坡画法

石坡画法

小石坡画法

石坡画法

山坡画法

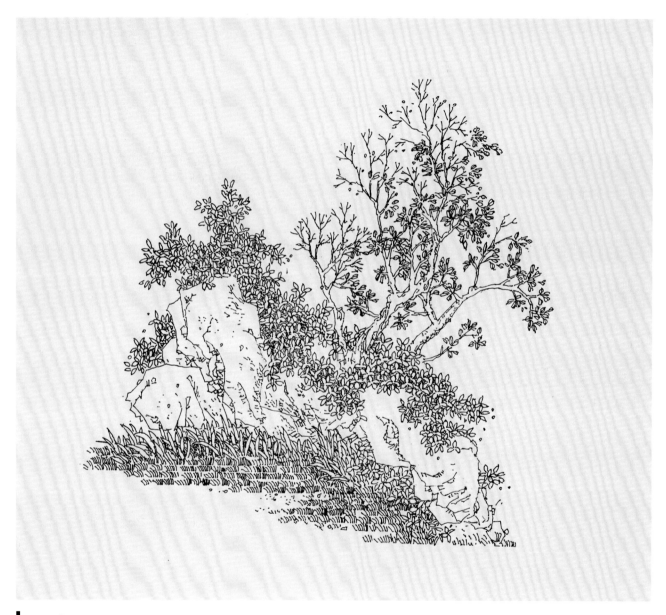

石画法

　　画石要着重细部刻画山石的粗犷、凝重、纹理，要力求表现出石头质感；形体变化及纹理走向，细部的刻画要仔细观察其特征，表现出中国山石的形神、灵秀之巧妙。

石画法

石画法

石画法

石画法

石画法

石画法

| 石画法

石画法

石画法

石画法

石画法

4.3　天空表现技法

　　一般的画面天空在画面中所占的面积往往很大，如果什么都不画，会感觉空旷，但是，如果画得效果不好，就破坏了画面。画天空首先要想到云彩，云朵的形状变化快，很复杂，有时并不是孤立的一块，而是连绵一片片，仔细观察云彩是有多个层次的，有明暗和光亮的层次，有的云朵有明显形状外廓，有的模糊，或是点点的、块块的。云是不断运动的，常见云朵画法有以下 5 种：

　　（1）轮廓线画法，这是简易的线条画法，轮廓之外可采用细密线条排列形成对比。

　　（2）完全是自由舒展线条排列，有些部位可采用留白，留白部分的形状采用近似云朵形状，这种画法十分常见。

　　（3）密集点法，天空全部采用密集点形式，给人以阴暗和混沌的感觉。

　　（4）不画云朵，天空什么都不画，表示一个纯净的天空，也可以说是想象中的晴空万里、蓝天无云。

　　（5）局部或几个集块画出同一方向斜向交叉线条，表示天空的云彩，是一种简单的画法。

　　天空也是景观，画面是艺术创作，云朵是景观形态的美，同水体、植物的形态一样，具有质感美。建筑形体变化及天空色彩美（晚霞、雨后的彩虹）是环境空间艺术组合的形式美。钢笔画艺术的底蕴博大精深，是中国文化的又一体现。意境深邃，典雅含蓄，与环境和谐互融，是钢笔画别具一格魅力。

天空画法

4.4 画水表现技法

画湖泊、河流，给画面增加生命的活力。水有较多的形态，如缓缓流淌的水、瀑布的水、汹涌澎湃、激流欢腾的水和平静的水、微波的水等等，其特点、各种形态的水的画法均有些不同，平静的水倒影如镜；瀑布的水"咆哮而下""一泻千里"最为生动。画水技法较多，哪种绘画技法表现得好，要多琢磨、多分析。

（1）在无风或小风情况下，平静的水面产生倒影，仔细看是在水面以下形成的对称关系，绘画时通长采用水平或竖向舒展的疏密不同排列线的深、灰色调绘出。看水面，地面上景物的背光面（深色）通长用深色密集的排线，而受光面采用灰色调，其规律是，水岸上的景物的形象造就了水中的倒影，但在不同的视角时水中倒影也会产生不同的变化，只有在立面平行透视情况下水中倒影才基本与建筑立面形象相似。水中倒影的形体基本上也是随景物的变化而变化。

（2）流动状态的水，如河流、小溪等，由于光线的作用通长采用灰色调及留白调方法绘出水流的动态，留白要注意水流动态方向，加强或减弱的色阶关系到水的真实感、运动感，以调整好视觉效果。

水的表现方法比较多，关键是水的动态千变万化，表现的技法细腻且要真实地刻画才有视觉效果。

水的画法

水的画法

■ 水的画法

5　作品赏析与表现

后 记

　　钢笔画是造型艺术，要刻苦训练，多写多画，不懈努力。在写生过程中对自然环境中物体应认真观察、分析，逐步提高认知、鉴赏能力。在绘画的实践中不断摸索、积累经验，是提高造型能力、表现技巧的重要手段和过程。在学习过程中经常阅读和欣赏他人优秀作品，能促进和感染、激发对自己绘画艺术认知的升华。在借鉴中可以学到很多知识，会产生强烈创作欲望，对自己的钢笔画进步是大有好处的。

　　收集素材是绘画创作必要过程，而且是要有动脑分析的过程，尽可能全面分析和认真仔细，以提高资料的质量，对绘画技法提高大有裨益。

　　本书的资料收集和整理是在许多同事、朋友的热情支持和帮助下完成的。经过近两年多时间的努力，完成了编绘工作。在此我对参与和关心本书创作、提供了许多宝贵资料的李心怡、明树德、车太来、李真茂、陈宇、邵力、陈广、张景树及赵大文同志，表示衷心感谢。此外，我的同事及好友武文信、陈静范、武大远同志在建筑透视、计算机绘图、文字校审方面也做了大量工作，在此一并感谢。

陈恩甲

2016 年 5 月于哈尔滨